MenschHund!
...warum ziehst du nur so an der Leine?!

Ariane Ullrich

2. Auflage

MenschHund! Verlag
2006

2. überarbeitete Aufl., - Zossen: MenschHund! 2005
(1. Aufl., - Zossen: MenschHund!, 2004)
© 2004, MenschHund! Verlag, Zossen
Gartenstr. 8
D-15806 Zossen
www.mensch-hund-lernen.de
Alle Rechte vorbehalten
Herstellung, Gestaltung, Fotos: Ariane Ullrich
Bilder: Heinz Grundel, www.heinz-grundel.de

Inhalt

Zur Benutzung dieses Büchleins

Bevor Sie sich dieses Büchlein zur Gemüte führen, sollten Sie einige Vorkehrungen treffen: Suchen Sie sich einen gemütlichen Sessel, machen sich einen heißen Tee (wenn es Winter ist) oder eine Eisschokolade (wenn es Sommer ist). Schicken Sie den Partner ans Spülbecken und den Hund auf sein Lager (oder umgekehrt) und vor allem legen Sie sich bitte eine in Stücke zerteilte Tafel Schokolade, eine Tüte Gummibärchen oder andere Gaumenfreuden in Reichweite. Für jeden Belohnungs-knochen, den Sie sich beim Lesen und Abarbeiten des Buches verdienen, dürfen Sie sich dann davon etwas genehmigen.

Ich hätte gern etwas mit ins Buch gelegt, aber das hätte Probleme beim Versand bereitet, so dass ich davon wieder Abstand genommen habe und auf ihre Bevorratung hoffe. Als Alternative sind im Anhang und innerhalb der Seiten noch einige Erfolgsknochen abgebildet, die Sie sich ausschneiden und an einen

Kalender kleben können. (Natürlich nur die im Anhang!! Es sei denn, Sie sind stolzer Besitzer von zwei Büchern.)

Motivationsknochen zum Weiterlesen

Aber Achtung! Wollen Sie sich unverdientermaßen etwas einverleiben oder ausschneiden, wird dieses Buch zu Staub zerfallen und Ihr Hund stärker als zuvor ziehen. (Denken Sie an die technischen Möglichkeiten heutzutage!!!)

Wenn Sie das Buch gelesen haben, dann legen Sie es ihrem Hund unter das Kopfkissen. Am nächsten Morgen sollte er wissen, was sie von ihm wollen. Falls nicht, dann müssen Sie leider doch mit ihm trainieren. Aber sehen Sie es positiv: Jeder nette Umgang mit dem Hund festigt die Beziehung zu ihm (oder auch ihr) und gibt Ihnen die Chance mehr vom Tier Hund zu verstehen. Nebenbei bemerkt, macht Hundetraining Spaß und zwar nicht nur dem Menschen!

Ich wünsche Ihnen viel Erfolg, genügend Ausdauer und einen Berg Liebe für Ihren Hund.

Ariane Ullrich, Dipl.-Biologin

Ziehen ist doof!

Hunde, die an der Leine ziehen, haben zumeist ein Ziel. So sollte man es zumindest annehmen. Entweder ist es gerade von lebensbedrohlicher Wichtigkeit, seine Nase in die Hinterlassenschaften des Nachbarhundes zu stecken, oder es ist das Mittel der Wahl, um Frauchen von der geschwätzigen Nachbarin fort zu bekommen oder vielleicht hat sich Rex einfach damit abgefunden, dass Herrchen Gassi geführt werden muss und nicht umgekehrt.

Egal warum, an der Leine ziehende Hunde sind lästig, wenn man voll bepackt vom Einkaufen wiederkommt oder quer über den Rasen zum Lieblingshundefreund (oder auch –feind) geschleift wird. Abgesehen von den Nachteilen, die der Besitzer davon hat, wie etwa zwei ungleich lange Arme oder Schuhe ohne Absätze, ist das Ziehen an der Leine auch für Hunde nicht ganz ungefährlich. Die meisten Hundeleinen werden an Halsbändern befestigt und üben damit Druck auf einen sehr sensiblen Bereich am Hals, den Kehlkopf, aus.

Da der Mensch (ungeachtet seiner eigenen Meinung!) ebenfalls ein Lebewesen ist, kann es tatsächlich vorkommen, dass es ihn manchmal (ganz selten sicherlich…) nervt, wenn der Hund zieht. Darauf folgt dann gewöhnlich ein häufiger und immer heftigerer Ruck an der Leine und *huch* die nächsten drei Meter geht ihr Hund (gedrückt aber) locker an der Leine.

Die Spätfolgen: ein bedrückter Hund, ein im Strafen bestätigter Besitzer (auch wenn es immer nur drei Meter reicht) und vor allem Rückenschäden im Alter (auf jeden Fall beim Hund). Hunde, die regelmäßig geruckt werden (und das müssen sie, um hundertmal drei Meter weit zu kommen), bilden Im Alter Probleme an der Wirbelsäule aus, wozu es heutzutage sehr gute belegende Studien gibt.

Wenn Sie zu den Menschen gehören, die Ihre Hund auf keinen Fall herumrucken möchten, bekommen Sie jetzt schon einen Erfolgsknochen!

Aber auch Hunde, die ihre Besitzer am Geschirr hinter sich herschleifen und damit die Kontrolle über Richtung, Schnelligkeit und Ziel des Spazierganges haben, sind eine Gefahr für die Umwelt und auch für ihre eigene Sicherheit. Stellen Sie sich vor, Ihnen rutscht an der Straße tatsächlich mal die Leine aus der Hand, weil Ihr Hund auf der anderen Seite die hübsche Laika gesehen hat. Wenn die Straße befahren ist, wissen Sie, was ich meine.

Andere Hunde, die Ihren Hund so auf sich zu zerren sehen, könnten dieses „In der Leine stehen" sogar als Bedrohung auffassen und meinen, zurückdrohen bzw. sich wehren zu müssen. Die Entstehung einer Leinenaggression ohne die übliche „der wurde mal von einem schwarzen Hund gebissen" - Leidensgeschichte.

Sie sehen, das Ziehen an der Leine ist gar nicht so ungefährlich, wie man es sich vielleicht ab und an einredet, weil man meint, im schlimmsten Fall, muss man ihn eben nur festhalten. Eins zieht (im wahrsten Wortsinne) das andere nach sich…

Davon mal abgesehen könnte jeder gesittet an der Leine laufende Hund bei Leuten, die ansonsten nicht viel übrig oder sogar Angst vor Hunden haben, Nettigkeitspunkte für seine Art sammeln. Und ist er dabei noch freudig, aufgeschlossen und springt nicht an, hat man ihn schon ins Herz geschlossen und der Bildzeitung eine Schlagzeile geraubt. (und schon das wäre Grund genug, zu üben!)

Alles in allem ist ein ordentlich an der Leine laufender Hund also ein sehr erstrebenswertes Ziel.

Sind Sie derselben Meinung? Dann dürfen Sie einen Erfolgsknochen ausschneiden oder aufessen. Denn:

Erkenntnis ist der erste Schritt zur Besserung!

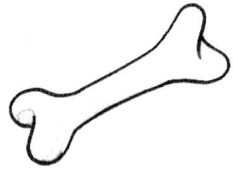

Leine ist doof?

Frage: Wann fange ich mit dem Leinentraining an?

Antwort: Sofort!

Je früher desto besser. Welpen können mit wenigen Wochen ein Halsband angelegt bekommen, um sich daran zu gewöhnen. Ab ca. 5-6 Wochen kann schon ein Stück Leine daran befestigt werden, ohne dass jedoch daran gezogen wird. Wenn der Welpe damit keine Probleme mehr hat, kann man die Leine ab und zu festhalten und mit dem Leinentraining beginnen.

Die Leine ist für den Hund eine extreme Einschränkung seiner Bewegungsfreiheit und dementsprechend wird er sie auch „lieben". Er kann (und sollte) jedoch lernen, dass das an der Leine laufen, etwas Angenehmes bedeutet, weil man nämlich zum Beispiel sicher sein kann, dass der eigene Mensch immer in der Nähe und zur Hilfe bereit ist. Außerdem passieren an der Leine viele schöne Dinge. Es wird geübt, man bekommt Leckerchen, man wird gestreichelt und Ähnliches.

Ein Welpe, der zum ersten Mal an der Leine gehalten wird und nun merkt, dass er nicht so kann, wie er gern möchte, dem sollte gezeigt werden, dass er eigentlich was ganz anderes möchte und sich das mit der Leine vereinbaren lässt. So zum Beispiel brav neben dem Menschen hergehen, weil man dafür Leckerchen und Aufmerksamkeit bekommt.

Ein Welpe wird also am Anfang jedes Mal ganz besonders beachtet und gelobt, wenn die Leine dran ist und er sich nicht daran stört. Ist die Leine ab, passiert nichts mehr. So hat der Welpe ganz schnell ein Bild von der Leine, das dem menschlichen „goldenen Käfig" entsprechen könnte. Der Grundstein für das ordentliche Gehen an der Leine ist somit gelegt.

Weiterüben müssen die neuen Halter des Welpen, indem Sie lockeres Gehen an der Leine kräftig belohnen mit Spielen, Durchknuddeln, Rennen usw. Das Leinentraining bei ganz kleinen Welpen sollte täglich nur kurz dauern. Die kleinen Wusel können sich noch nicht so lang beherrschen und ohne Hüpfen, kurze Sprints, rumrollen etc. an der Leine gehen. Üben Sie das ruhige Gehen im

Garten und machen Sie nach einem Erfolg Schluss, indem Sie die Leine schnell lösen. Ein so genannter Panikhaken ist hier am sinnvollsten, weil man damit das lästige Fummeln am Karabiner beseitigt und das Lösen der Leine als Belohnung nutzen kann. Läuft der Hund gerade ganz toll und man möchte ihn belohnen, muss der Erfolg (das Lösen der Leine) sofort erfolgen und nicht erst zehn Sekunden und fünf Flüche später.

Drei kleine Tipps am Rande:

- Alle Belohnungen sollten immer auf der Seite erfolgen, auf der Ihr Hund auch gehen soll. So lernt er schnell, auf welcher Seite es eher lohnt, sich aufzuhalten.

- Drehen Sie sich nicht wie ein Kreisel mit um Ihren Hund. Gehen Sie geradeaus und locken ihn mit Händen und Körpersprache immer wieder auf die richtige Seite.

- Halten Sie die Leine anfangs ruhig immer so hoch, dass sie zwar noch locker (ganz wichtig!), aber über dem Hund ist. So stolpert er bei Richtungswechseln nicht ständig hinein und muss von Ihnen lästigerweise befreit werden. Das sieht zwar etwas eigenartig aus, aber das Gefummel am Hund kann ebenso dazu führen, dass Ihr Hund genervt beginnt, Ihren Annäherungsversuchen auszuweichen.

Die Leine soll nicht zum Doof-Signal für den Hund werden. Das tut sie aber, wenn sie immer nur dann hervorgeholt wird, wenn ein Spielabbruch damit einhergeht, weil man nach Hause muss. Bieten Sie Ihrem Hund also auch an der Leine ab und zu etwas Besonderes. Ob Futter, Spiel oder Krauleinheiten ist egal, Hauptsache ist der Spaß dabei. Lassen Sie ihn ruhig ab und zu, kurz nach dem Anleinen gleich wieder frei.

Die Leine wird ebenfalls zum Doofsignal, wenn der Hund gelernt hat, dass er an der Leine kaum Freiraum hat, nie schnüffeln darf und ständig mitgezerrt wird. Sie sollten sich diese Erfahrung nicht entgehen lassen! Bitten Sie mal Ihren Mann oder Ihre Frau Sie selbst an die Leine zu nehmen und z.B. vom Wohnzimmer ins Schlafzimmer zu gehen. (Für Mutige: von der Haustür bis zum Supermarkt). Erst dann kann man tatsächlich ein Gefühl dafür entwickeln, warum viele Hunde die Leine hassen. Derjenige, der die Leine in der Hand hat, weiß genau, wo er hin will. Der, der an der Leine hängt kann zwangsweise immer nur Sekunden später auf Richtungswechsel reagieren und rennt dabei jedes Mal in die Leine hinein.

Das ist nicht nur verletzungsfördernd, sondern mörderisch frustrierend!

(Das Befolgen der Ratschläge erfolgt auf eigene Gefahr! Von Entschädigungsklagen bei Scheidung befreien Sie mich durch Lesen dieser Broschüre!)

Es ist manchmal augenöffnend, wie viel der Hund tatsächlich aushält und man wundert sich, dass er uns trotzdem noch quer über das Gesicht schleckt. (vielleicht kostet er ja aber auch nur vor…)

Wichtiger Tipp am Rande:
Die Leine sollte möglichst immer locker hängen und dem Hund genügend Spielraum lassen, um sich bewegen zu können.

Aller Anfang ist schwer - Durchhalten oft noch viel mehr

Auch erwachsenen notorischen Leinenziehern kann man manierliches Verhalten an der Leine beibringen. Alles was man dazu braucht ist: einen ziehenden Hund, eine Leine und 200% Konsequenz.

Wir gehen mal davon aus, dass ein Hund, der an der Leine zieht, dies deswegen tut, weil er vorwärts kommen will. Seine Art und Weise, das zu erreichen, missfällt uns jedoch, so dass wir ihn dazu bringen müssen, eine andere Strategie anzuwenden.
Die

„Du-kommst-nur-an-lockerer-Leine-vorwärts"-Strategie.

Eine lockere Leine bedeutet, dass der Arm, der die Leine hält, gerade an Ihrer Seite herunterhängt. Hebt sich dieser Arm, beginnt Ihr Hund gerade zu ziehen. Wenn Sie dann noch weitergehen, hat Ihr Hund damit auch Erfolg. Und

Sie wissen ja, was erfolgreich ist, wiederholt man. Was ist also die logische Konsequenz?

Werden Sie zum Baum. Verwurzeln Sie mit dem Untergrund! (Wurzeln knacken auch Asphalt!) Ich bin sicher, dass Sie das schon gehört haben und auch tausendmal probiert, stimmt´s? Macht nichts! Lesen Sie trotzdem weiter. Viel anderes wird Ihnen auch nicht übrig bleiben, denn es geht immer um Erfolg und Misserfolg. Kommt Ihr Hund ziehenderweise vorwärts, wird er immer ziehen. Kommt er nur vorwärts, wenn die Leine locker ist, wird er die Leine immer locker halten. Grundtenor des Trainings ist, dass der Hund keinen Millimeter vorwärts kommt, sobald sich Ihr Arm hebt.

Wie man aber mit dem Erfolg und Misserfolg umgeht, dafür gibt es noch viele Varianten, denn das Stehenbleiben allein ist der häufigste Grund, warum die Hunde es dennoch nicht lernen.

Die wenigsten Menschen finden es erstrebenswert, zwei Stunden für den Weg zum Postamt zu benötigen, das üblicherweise in fünf Minuten erreichbar ist. Spaziergänge mit anderen Hundebesitzern erübrigen sich sowieso und im Winter friert man leicht fest.

Der Trainingsknackpunkt ist jedoch, dass der Hund mit dem Ziehen eben keinen (und zwar gar keinen!) Erfolg mehr hat, denn jedes Vorwärtskommen durch Ziehen, belohnt den Hund für sein Verhalten und festigt es für die nächsten 20 Jahre.

Aber nicht verzweifeln, es gibt Alternativen, Tricks und Strategien, die nur darauf warten, angewendet zu werden!
Hunde lernen sehr schnell situationsbezogen. Das können Sie während der Trainingszeit nutzen, indem Sie mit *zwei Haltevorrichtungen* arbeiten. Beispielsweise mit Geschirr und Halsband oder mit Halsband und Kopfhalfter

Wenn Sie Zeit zum Üben haben und gut genug drauf sind, kommt die Leine an das Halsband und Sie sind hundertprozentig konsequent und lassen sich keinen Millimeter nach vorn ziehen. Haben Sie gerade keine Zeit zum Üben, wollen sich aber Ihr bisher erreichtes Training nicht kaputt machen, kommt die Leine an das Geschirr (oder an das Kopfhalfter).

Hunde lernen sehr schnell, dass sie am Geschirr ziehen dürfen, am Halsband jedoch nicht. So können Sie die nötige Konsequenz einhalten und kommen trotzdem schnell zur Post.

Dieser Punkt ist einer der wichtigsten Punkte überhaupt im Leinenziehtraining. Wenn Sie diesen also umsetzen und sich ein Geschirr oder Kopfhalfter zugelegt haben, dürfen Sie sogar zwei Erfolgsknochen ausschneiden oder zwei Gummibärchen essen!!

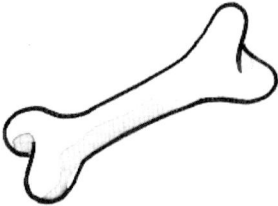
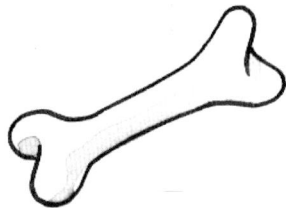

Zum Halfter finden Sie Informationen im Kasten auf den nächsten Seiten.

Beim Kauf eines Geschirrs achten Sie bitte darauf, dass dieses aus zwei Ringen besteht, die durch je einen Steg miteinander verbunden sind. (siehe Foto). So genannte Erziehungsgeschirre, die unter den Achseln entlanglaufen, wirken mittels Schmerz auf den Hund ein und verletzen ihn an einer sehr empfindlichen Stelle. Unter den Achseln ist die Haut sehr dünn und jede Reibung schmerzt stark. Da helfen auch die Polsterungen nicht, die verschiedene Hersteller nach Beschwerden dazugetan haben.

Bei einem guten Geschirr sitzt der Druckpunkt auf der Brust des Hundes und nicht am Hals! Passen Sie aus diesem Grund ein Geschirr immer im Geschäft an, kaufen Sie eines, das möglichst an Brust, Hals und Steg verstellbar ist, oder bestellen Sie es nach Maß. Gemessen werden Halsumfang, Brustumfang (von der tiefsten Stelle bis zur höchsten Stelle) und bei einem sehr guten Hersteller auch die Länge des unteren Stegs.

Ein Geschirr sollte wie ein Halsband so eng anliegen, dass man mit der flachen Hand gerade darunter kommt. Bei schmalen Hunden mit nach unten spitz zulaufenden Brustkörben ist das natürlich nicht an jeder Stelle möglich. Ein gutes Geschirr verstellt sich nicht von allein, auch bei Nässe nicht. Es gibt schöne und erschwingliche Geschirre, die mit Fleece oder Neopren gepolstert sind. Je nach Hersteller lassen sich sogar Namen, Telefonnummer und Leuchtzeichen aufsticken. Den Wünschen des Besitzers sind kaum Grenzen gesetzt.

Im Übrigen sind Hunde, die im Winter den Schlitten der Kinder wieder auf den Berg ziehen, äußerst beliebt! So etwas ist natürlich unbeschadet nur am Geschirr möglich. Wenn Sie daran denken, dann lassen Sie sich gleich zwei Ringe seitlich am Geschirr annähen, dann rutscht der Schlittern (oder was auch immer) kontrollierter.

Piccola trägt ein so genanntes Norwegergeschirr mit Haltegriff am Rücken. Der Druck wird vorn auf der Brust verteilt.

Beim Camirogeschirr läuft der Bauchgurt nicht unter den Achseln entlang. Der Leinenring sitzt auf der Rückenmitte.

Das Kopfhalfter

Ein Halfter funktioniert genauso wie ein Pferdehalfter für Pferde. Die Leine wird am Ring unter der Schnauze festgemacht. Zieht der Hund nach vorn, dreht sich sein Kopf automatisch seitwärts und er kann nicht weitergehen. Zug vom Menschen ist nicht nötig. Dadurch ist ein Halfter auch gut für große Hunde geeignet, die schwer zu halten sind. Übrigens kann der Hund mit Halfter ebenso fressen, trinken und beißen!

Um den Hund daran zu gewöhnen, halten Sie ein Leckerchen vor die Schlaufe, die um die Schnauze gelegt wird. Um es zu bekommen, muss er **von allein** die Schnauze hindurch stecken. Wenn er sich nach ca. drei Tagen schon auf diese Übung freut, können Sie das Halfter auch mal hinter den Ohren verschließen und ihn sofort mit Futter oder Spielzeug ablenken. Danach sofort wieder lösen.
Nun können Sie das Halfter beispielsweise jedes Mal zum Fressen umlegen und danach wieder abmachen. Ihr Hund lernt so, dass das Halfter Futter ankündigt. Nach weiteren zwei bis drei weiteren Tagen legen Sie es ihm während des Spazierganges um und klinken die Leine gleichzeitig im Halfter und im Halsband ein. Lenken Sie ihn mit Spielzeug oder Leckerchen ab, während Sie so kurze Stücke gehen. Findet er das alles toll, können Sie die Tragedauer verlängern und dann die Leine auch nur im Halfter einhängen.

Es kann durchaus vorkommen, dass Ihr Hund auch nach sorgfältiger Gewöhnung versuchen wird, das Halfter abzustreifen. Verhindern Sie das jedoch unbedingt, indem Sie die Leine festhalten und erst dann sofort lockern, wenn er ruhig bleibt.

Bitte achten Sie auch darauf, nicht am Halfter zu rucken, und verwenden Sie es nicht an der Flexileine. Ein Hund, der mit voller Wucht auf zehn Meter ins Halfter rennt, kann durchaus Halswirbelsäuienprobleme bekommen.

Ein Kopfhalfter funktioniert wie bei einem Pferd das Halfter. Aufgrund der tierischen Kraft ist nur das Halten am Kopf ohne große Kraftanstrengung und ohne Schmerzen möglich.

Wenn Sie mal aus irgendeinem Grund kein Geschirr dabei haben oder Sie haben das Halti vergessen, gibt es für kurze Strecken sogar noch eine dritte Möglichkeit: Legen Sie die Leine, die mit einem Ende am Halsband befestigt ist, zu einer Schlaufe. Diese Schlaufe legen Sie um die Brust des Hundes und können ihn so führen, wie in einem Geschirr. Sie müssen nur darauf achten, dass die Schlaufe nicht hoch an den Hals rutscht. Diese Methode ist etwas umständlicher und verrutscht leicht. Für kurze Strecken ist sie aber gut zu nutzen, um vorwärts zu kommen, ohne den Hund am Halsband ziehen lassen zu müssen.

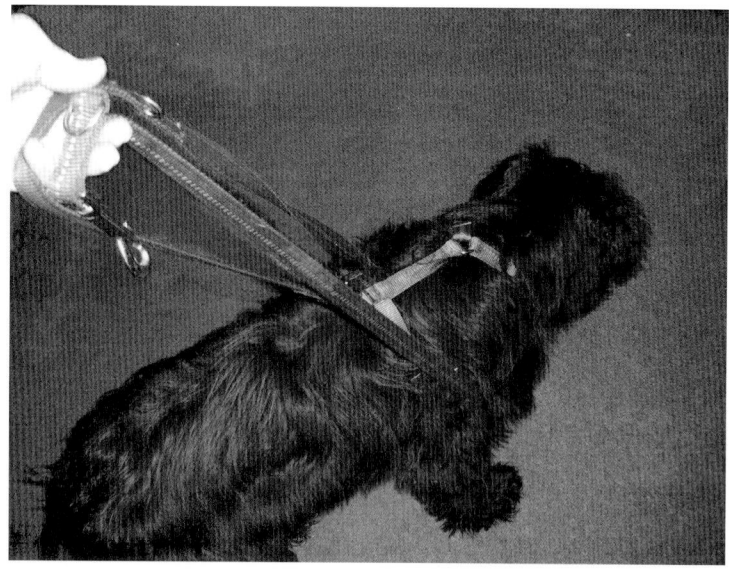

Neben der Anschaffung eines Geschirrs und/oder eines Kopfhalfters gibt es weitere Grundvoraussetzungen:

- Ihre Leine ist mindestens zwei Meter lang und verstellbar.
- Für jede Übung bleibt die Leine in der eingestellten Länge!

Der erste Punkt ist wichtig, weil es für das Problem in einigen Fällen die einfachste Lösung ist. Konnte Fido bisher gar nicht anders, als ständig auf Frauchens Schuhe zu treten, hat er nun die Möglichkeit, sich etwas freier zu bewegen. Schon die Möglichkeit, dass er hier einfach am Boden schnüffeln kann ohne halb erwürgt zu werden, führt manchmal zu leinenführigen Hunden. Geben Sie Ihrem Hund also den machbaren Spielraum an der Leine. (Denken Sie an das Ehemannexperiment!)

Der zweite Punkt bestimmt, ob unser Hund überhaupt lernen kann. Kennen Sie das, wenn man mit einem fremden Auto versucht, einzuparken? Womöglich noch mit einem Bulli, wenn man sonst einen Fiat Punto fährt? Man kann nicht einschätzen, wie weit man nun noch fahren darf, bevor die Versicherung des Nachbarfahrzeugs zuschlägt.

Für unseren Hund heißt das ständige Verstellen und Nachgreifen der Leine nichts anderes, als mit immer neuen Autos einzuparken. Er kann nicht lernen, wie viel Freiraum er hat, bevor er an das Ende der Leine gelangt. Wenn Sie aber mit immer demselben Auto üben (bzw. die Leine in immer derselben Länge belassen), lässt sich die Entfernung schnell sehr gut einschätzen und merken. Denken Sie daran, wenn Sie das nächste Mal meinen, dass es wichtiger ist, Ihren Hund davor zu bewahren, sich die Leine mal kurz ums Bein zu schlingen, statt den Ruck am Hals zu vermeiden.

Solange die Leine größtenteils am Boden liegt, wird er sich sowieso schnell wieder entheddern. Oder man unterbricht das Üben dafür mit einem deutlichen Zeichen für den Hund, wie zum Beispiel „Sitz".

Hunde können also, genauso wie wir Menschen, sehr gut Entfernungen abschätzen lernen, wenn Sie die Möglichkeit dazu haben.

Kleiner Tipp am Rande:

Greifen Sie immer mit beiden Händen in die Leine und stellen Sie sich vor, dass Ihr Hund sich mit einem Ruck losreißen würde, sollten Sie auch nur eine Hand wegnehmen.

Lassen Sie die Hände nach unten hängen, so entgehen Sie fast immer dem Verhedderproblem und verhindern das automatische Nachgreifen der Leine. Für jedes Nachgreifen müssen Sie ab nun drei von diesen Büchern an Bekannte weiterverschenken!

Für alle, die bis hierhin alles einmal ausprobiert haben,

gibt es nun wieder einen leckeren Belohnungsknochen.

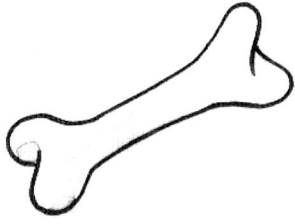

Mit Übung zum Erfolg

Grundsätzlich gilt: Belohnt wird, was gefällt.

Läuft Ihr Hund einige Meter (oder Sekunden) so an der Leine, wie Sie es sich wünschen, wird er gelobt und belohnt, am besten mit einem leckeren Bröckchen Futter. So lernt er, was sich für Ihn lohnt, und wird das gelobte Verhalten verstärkt und häufiger zeigen. (Denken Sie an die Belohnungsknochen!)

Dies ist ein Punkt, der häufig vergessen wird. Als Mensch denkt man ständig nur daran, wie man Unerwünschtes verhindert und achtet nicht auf das Schöne, was man loben könnte und sollte. Können Sie sich an das letzte Mal erinnern, als Sie Staub gesaugt haben, Ihr Mann/Ihre Frau aber nur bemängelt hat, dass die Blumen verdursten? Bis zum nächsten Mal Staubsaugen dürfte es eine Weile gedauert haben. Lebewesen brauchen Bestätigung. Und nur erfolgreiches Verhalten wird wiederholt auftreten. Das gilt für Hunde wie für Menschen! Wenn Sie also wollen, dass Ihr Hund vernünftig läuft, dann belohnen Sie die kleinsten Erfolge in dieser Richtung! Verhalten, welches Ihnen nicht zusagt, wird mit der Leine verhindert (also festhalten!) und ansonsten ignoriert und nicht kommentiert. Zieht der Hund, verhindern Sie sein Vorwärtskommen und ignorieren ihn sonst völlig. Lassen Sie das Schimpfen sein. Erstens vergeuden Sie Puste, Energie und gute Laune zum Zweiten schüchtern Sie Ihren Hund nur ein. Er wird nicht lernen, worum es Ihnen wirklich geht. Im schlimmsten Fall müssen Sie ihn ständig einschüchtern, damit er ständig vernünftig läuft.

Da sich das Ziehen für Ihren Hund nun nicht mehr lohnt, wird er versuchen, auf andere Weise an sein Ziel zu kommen, und dabei können Sie ihn unterstützen.

Benutzen Sie für die folgenden Übungen keine Flexileine, da der Hund hier immer in anderen Entfernungen von Ihnen gestoppt wird, wenn Sie den Knopf drücken. Er kann so nicht lernen abzuschätzen, wie weit er nun noch gehen kann, bevor die Leine zu Ende ist. Üben Sie anfangs in Gegenden ohne große Ablenkung. Ihr Hund lernt dadurch schneller, was verlangt wird, und Sie müssen nicht mit anderen Hunden, gut riechenden Menschen oder Rehen konkurrieren.

Und los geht's:

Variante 1:

1.) Nehmen Sie die Leine für jedes Training am äußersten Ende, so dass der Hund ca. 1,5 m bis maximal 2 m Spielraum hat, und achten Sie darauf, dass Sie bei dieser Länge bleiben und nicht nachgreifen. Je kürzer Sie die Leine nehmen, desto eher wird Ihr Hund wieder ziehen und umso schlechter kann er sich die Leinenlänge merken. Ihre Arme hängen gerade runter.

2.) Gehen Sie **normalen** Schrittes vorwärts und ermuntern Sie Ihren Hund, mitzukommen. Je schneller Sie laufen, desto einfacher wird es für Ihren Hund, da er selbst eine hundetypisch schnellere Normalgeschwindig-keit hat als Sie. (Das bedeutet jedoch nicht, dass Sie rennen müssen!)

3.) Sobald Sie merken, dass sich Ihre Arme zu heben beginnen, bleiben Sie **wortlos** stehen und warten.

Geben Sie ihm keinen einzigen Millimeter! Jegliche Bemerkungen zum Hund sind sinnlos und erschweren es ihm, wirklich zu begreifen, was Sie von ihm wollen.

Nun gibt es verschiedene Möglichkeiten, wie Ihr Hund reagieren wird.

a)   *Er versucht, weiter zu kommen, indem er sich in die Leine stemmt oder sogar mit Anlauf hineinspringt.* Lassen Sie ihn keinen Zentimeter vorwärts kommen. Schlingen Sie das Ende der Leine um einen Baum, wenn das nötig sein sollte, aber gönnen Sie ihm kein Erfolgserlebnis.

Summen Sie am besten still ein Liedchen vor sich hin, um sich selbst daran zu hindern, mit Ihrem Hund zu schimpfen oder schlechte Laune zu bekommen. Beides verhindert das Lernen beim Hund. Dann warten Sie auf b) oder c)

b)   *Ihr Hund setzt oder legt sich am Ende der Leine hin und rührt sich nicht mehr.*

Warten Sie, bis er sich zu Ihnen umschaut oder machen Sie ihn nach frühestens einer Minute mit einem Geräusch, zum Beispiel Zungenschnalzen, auf sich aufmerksam.

Dann locken Sie ihn zu sich ran, indem sie ihn freundlich rufen und rückwärtsgehen, wenn nötig. Sobald Ihr Hund auf Ihrer Höhe ist, loben Sie ihn mit netten Worten und gehen gleichzeitig weiter in die gewünschte Richtung. Bis zum nächsten Ziehen.

c)   Ihr Hund dreht sich bei strammer Leine sofort zu Ihnen um und kommt an Ihre Seite.

d)

Hurra! Das ist es, was wir wollen!

Um zu vermeiden, dass der Hund wie ein Jojo nach vorn springt, wieder zurückkommt und wieder nach vorn stürzt, zählen Sie bis drei, wenn ihr Hund bei Ihnen ist, und gehen Sie erst dann weiter. Springt er vorher los, bleiben Sie stehen und warten wieder.

„Wieso geht's jetzt nicht weiter?
Das hat doch bisher immer…?!"

Sobald der Hund zieht:
Stehen bleiben!

„ Mal nachdenken…"

Wartet der Hund, warten
auch Sie mind. 1 Minute,
bevor Sie…

„Frauchen, was soll ich tun???"

…rückwärts gehen und
Ihren Hund ohne Ziehen
heranlocken.

„Ach, das findest du gut?

Leckerchen gibt's nur für
ordentliches Laufen neben
Ihnen an lockerer Leine.

Variante 2:

Statt wie ein Baum mit dem Boden zu verwurzeln, wie bei Variante 1 erforderlich, können Sie auch rückwärts gehen, sobald ihr Hund zieht. Drehen Sie sich nicht um, sondern gehen Sie selbst rückwärts und nehmen Sie Ihren Hund leicht mit, bis er von selbst an Ihre Seite kommt. Zerren Sie ihn nicht an Ihre Seite, sondern gehen Sie solange rückwärts, bis er **selbständig** bei Ihnen ist! Die Leine bleibt lang! Nur so lernt er, um was es Ihnen geht. Dann können Sie ihn **mit Worten** loben und sofort wieder vorwärts gehen.

Damit daraus kein Jojospiel wird, warten Sie immer ein paar Sekunden, bevor Sie wieder losgehen. Am besten gehen Sie sowieso immer erst dann los, wenn Ihr Hund Sie anschaut. Nur dann können Sie sicher sein, dass er mit seinen Gedanken bei Ihnen ist und zumindest die Chance hat, zu verstehen, was Sie von ihm verlangen.

Ebenso gibt es **kein Leckerchen** für das Zurückkommen. Belohnung ist, dass Sie wieder vorwärts gehen und Ihr Hund seinem Ziel näher ist. Mit Leckerchen ändern Sie schlimmstenfalls seine Motivation und bringen ihm bei, dass er nur zu Ziehen braucht, um dann bei Stillstand zurückzukommen und Leckerchen abzuholen.

Sie merken schon: unsere Hunde sind manchmal schlauer als wir meinen und wir Menschen haben ihnen im Laufe Ihres Lebens schon jede Menge Dinge beigebracht, die wir nie beabsichtigt haben. Mecker bekommen trotzdem nur die Hunde…

Parallel zu diesem Training, welches Sie täglich auf mindestens 2 Wegen durchführen sollten, sind noch andere Übungen sinnvoll. Die folgenden Übungen sind weniger für den Alltag gedacht. Sie dienen dazu, dem Hund schneller klar werden zu lassen, worauf es Ihnen ankommt. Im Alltag kommen Sie nicht ohne die „Stehenbleiben" oder „Rückwärtsgeh" –Strategie aus. Aber Sie können mit den folgenden Übungen bestimmte Reflexe eines Lebewesens gegentrainieren und dem Hund verdeutlichen. Jede Übung lohnt sich!

 Motivationsknochen

1.) die „komm bei Zug" – Übung

Da es im Hundeleben immer wieder Situationen geben wird, an denen der Hund an der Leine zieht (Sie erkennen daran, dass Ihr Hund noch lebt!), muss der Hund nicht nur lernen, dass das Gehen an lockerer Leine Erfolg verspricht. Er sollte ebenfalls lernen, was er tun muss, falls die Leine doch mal stramm geworden ist, und sei es nur, weil Herrchen oder Frauchen sich im Gebüsch verheddert haben. Aus diesem Grund ist es sinnvoll, dies gezielt zu trainieren.

a)   Ihr Hund ist an der Leine und steht etwas von Ihnen entfernt. Vielleicht schnuppert er gerade an der Nachbarsrose oder an etwas weniger Wohlriechendem am Boden.

b)   Beginnen Sie langsam an der Leine zu ziehen. Kein Rucken, kein Reden, nur langsam immer stärker ziehen. Er wird sich anfangs sicher dagegen stemmen, da Zug Gegenzug verursacht, aber irgendwann wird er nachgeben müssen, um nicht umzufallen. (Auch Hunde haben nur vier Beine!).

c) Sobald Sie merken, dass er nachgibt, loben Sie ihn in den höchsten Tönen, spielen kurz mit ihm, rollen ein Leckerchen auf den Boden oder machen Kopfstand, wenn Ihr Hund Fan davon ist.

Ziel ist, dass der Reflex, sich gegen die Leine zu stemmen etwas abgemildert wird und er lernt, auf den Zug mit Zuwendung zu reagieren.

Versuchen Sie, den Moment, in dem Ihr Hund nachgibt, ganz genau mit Ihrem Lob zu markieren. Ein gejauchztes „Jaa!!!!" kann da Wunder wirken. Je besser Sie den Moment treffen, desto schneller lernt Ihr Hund, was genau Sie meinen.
Stellen Sie sich vor, dass Ihr „Jaa" dem Auslösen Ihres Fotoapparates entspricht. Das, was Sie jetzt auf dem fertigen Foto haben, wird Ihr Hund öfter zeigen.

Wollen wir hoffen, dass Ihr Timing immer besser wird…

2.) die „Pech gehabt" - Übung

a)   Markieren Sie sich mit Kreide, Stöcken oder anderen Gegenständen eine Startlinie. Zehn Meter entfernt davon stellen Sie ein Schüsselchen mit Futter oder einem Spielzeug, welches Ihr Hund gern mag, auf den Boden.

b)   Stellen Sie sich an der Startlinie auf und lassen Sie Ihren Hund an der Leine neben sich sitzen. Dann starten Sie mit einem „Los geht's" und gehen **normalen** Schrittes auf die Schüssel zu. Da Ihr Hund die Schüssel gesehen oder gerochen hat und unbedingt hin möchte, wird er sicher nach einigen Schritten anfangen zu ziehen.

c)   Sobald sich Ihre Arme mit der Leine nach oben bewegen, geben Sie Ihrem Hund ein Signal wie zum Beispiel „Schade" oder „Pech gehabt" und drehen **sofort und auf der Stelle** um und gehen mit Ihrem Hund zurück zum Start. Lassen Sie Ihn wieder sitzen und beginnen Sie das Ganze von vorn.

Wichtig: Das Anspannen der Leine durch den Hund und Ihre Reaktion darauf in Form des „Pech gehabt" und Umdrehens muss ganz kurz hintereinander folgen, damit der Hund die Konsequenz des Zurückgehens mit seinem Verhalten, dem Ziehen, verknüpfen kann.

Achten Sie darauf, Ihre Geschwindigkeit beizubehalten, denn je langsamer Sie in der Nähe der Futterschüssel werden, desto schwieriger wird es für Ihren Hund.

Wenn Sie es nach maximal fünfzehn Versuchen schaffen, bis zum Futternapf zu kommen, ohne dass Ihr Hund an der Leine gezogen hat, dann hat Ihr Hund die Belohnung aus dem Napf verdient und Sie selbst einen weiteren Bonusknochen!

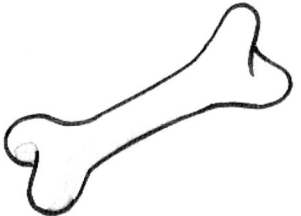

Diese Übung lässt sich gut auch auf Orte übertragen, zu denen Ihr Hund unbedingt hin möchte. Sei es die Hundewiese in 50 Metern oder der nette Nachbar, der dann eben mal eine Viertelstunde da warten muss!

3.) die Körpersprache

Hunde sind „Sichttiere". Sie reagieren sehr stark auf
kleinste Sichtzeichen und lernen Signale, die uns
überhaupt nicht bewusst sind. So können die meisten
Hunde beispielsweise nur dann „Sitz", wenn Frauchen
oder Herrchen direkt vor Ihnen steht. Die Körperfront ist
für sie das Sichtsignal für Hinsetzen. Dies können wir
andersherum genauso nutzen und unseren Körper zum
Sichtsignal für das Folgen bzw. Gehen an der Leine
werden lassen. Ihr Hund wird dabei erstens lernen, auf
leichten Zug der Leine sofort zu reagieren, vor allem im
Zusammenhang mit der „Komm bei Zug-Übung".

Außerdem lernt er, darauf zu achten, was Sie machen
und wohin Sie gehen. Das ist natürlich ein riesiger Vorteil,
denn einfacher ist es, wenn der Hund darauf achtet, wo
es langgeht und nicht der Mensch seinem Hund ständig
Bescheid sagen muss. Ihr Hund ist dadurch häufiger in
der „Menschenwelt" und mehr auf Sie konzentriert und
somit besser lenkbar.

Sie können sich einen Belohnungsknochen verdienen, wenn Ihr Hund „Sitz" macht, während Sie mit dem Rücken zu ihm am Boden hocken. Sie dürfen das Signal nur sagen, nicht zeigen. Macht er es? Dann haben Sie Recht, wenn Sie dachten, dass Ihr Hund Sitz auf Signal kann und Sie haben sich diesen hier verdient:

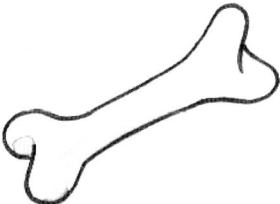

Die Körpersprache lässt sich auch dann gut anwenden, wenn Sie merken, dass Ihr Hund gleich an Ihnen vorbeischiessen wird. In dem Moment, in dem er noch angerannt kommt, aber nicht langsamer wird, drehen Sie sich weg vom Hund. Da Ihr Hund das schon von der Übung kennt, wird er nun stoppen und rennt nicht in die Leine.

Die Kommunikation mit Körpersignalen ist eine für den Hund sehr leicht zu lernende und verständliche Sprache. Wenn Sie das selbst gut beherrschen, brauchen Sie tatsächlich kaum noch Worte, um den Hund zu lenken.

Probieren Sie es aus! Versuchen Sie mal, Ihren Hund nur durch Körpersignale ins Sitz oder Platz oder zum Kommen zu bewegen. Oder zum Spielen aufzufordern oder die Richtung zu wechseln. Lassen Sie die Leine zu Anfang ruhig dran, aber sie schleift am Boden oder ist zumindest immer locker! Je stärker Ihr Körpereinsatz, desto weniger werden Sie die Leine überhaupt benötigen, um Ihren Hund zu stoppen. Wenn Sie merken, dass Sie automatisch an der Leine zupfen, wenn Sie etwas von Ihrem Hund wollen, dann benutzen Sie doch mal einen Bindfaden statt der Leine!

Die Leine sollte nichts anderes sein, als eine Sicherheitsschnur im Notfall. Solange Sie Ihren Hund per Leine heranrufen, ins Sitz etc. bringen müssen, werden Sie diese diffizile aber befriedigende Art des Zusammenlebens nicht erreichen. Also lassen Sie die Leine los und probieren Sie es aus!

Beginnen Sie aber in geringer Ablenkung. Denn wenn Ihr Hund die Einschränkung durch die Leine bisher gewohnt war, muss er nun erstmal die neuen Signale erkennen und verstehen lernen.

Neben dem Futter, welches einfach zu handhaben ist und bei fast allen Hunden gut einzusetzen, ist die Nähe des eigenen Menschen die wichtigste Motivation mitzuarbeiten und auf diesen zu achten. Auch wenn es manchmal so aussehen mag, ist kein Hund gern allein. Hat er gelernt, dass sich sein Mensch um das Beisammensein kümmert, wird der Hund sich nicht darum bemühen. Beginnt man aber damit, sich öfter vom Hund wegzubewegen, statt ihm auf die Pelle zu rücken, wird er beginnen, sich mehr am Menschen zu orientieren.

Weg vom Hund heißt hin zum Hund!

Die Übung dazu

a)   Suchen Sie sich einen Ort, an dem Sie nach allen Seiten genügend Platz haben. Nehmen Sie Ihren Hund an die Leine, reden Sie freundlich mit ihm und gehen Sie los.

b)   Hören Sie plötzlich auf, mit ihm zu reden, gehen Sie noch zwei Schritte weiter und wechseln dann abrupt die Richtung. Drehen Sie sich deutlich mit dem ganzen Körper vom Hund weg und gehen Sie solange in die andere Richtung weiter, wie es die Leinenlänge zulässt (also ca. zwei Meter oder Sie lassen die Leine fallen, wenn das möglich ist).

c)   Kommt Ihr Hund mit in Ihre Richtung, loben und belohnen Sie ihn kräftig und fangen wieder an, mit ihm zu reden. Achtet er nicht auf Sie, bleiben Sie am Ende der Leine vom ihm abgewendet stehen und warten Sie ab. Reagiert er auch nach zehn Sekunden nicht, gehen Sie kurz in die Hocke (immer noch abgewandt). Kommt er auch dann nicht, machen Sie daraus die „Komm bei Zug" - Übung, wie weiter vorn beschrieben. Ist er dann bei Ihnen, loben und belohnen Sie ihn wieder und fangen wieder bei a) an, bis er deutlich sichtbar auf Ihre Körpersprache, das Abwenden Ihres Körpers reagiert.

d)   Nun können Sie dieselbe Übung machen und lassen das Reden weg, wie bei einem normalen Spaziergang. Belohnen Sie aber jedes Mal, wenn er deutlich auf Ihre Körpersprache reagiert. Da wo es möglich ist und Ihr Hund freilaufen kann, können Sie diese Übung noch ausbauen und rennen vom Hund weg, wenn er nicht innerhalb einer Zeitspanne auf Ihren Richtungswechsel an der Leine reagiert hat. Beginnen Sie bei 10 Sekunden und arbeiten Sie sich bis auf 2 Sekunden herunter. (Die 2 Sekunden benötigt Ihr Hund, um überhaupt reagieren zu können!)

Achtet Ihr Hund vermehrt auf Sie und rennt nicht mehr in die Leine, wenn Sie sich abwenden? Super! Eine Belohnung und eine lange Spielpause sind fällig!

4.) Stopp-vor-Ende-Übung

Diese Übung können Sie machen, wenn Sie mit der vorherigen Übung deutliche Erfolge haben. Der Unterschied zur vorigen Übung besteht darin, dass Sie immer dann die Richtung wechseln, wenn Ihr Hund unaufmerksam wird und kurz davor ist, zu ziehen. Außerdem soll er lernen, auf ein Signal von Ihnen zu reagieren, damit sich die Leine nicht spannt und er weitergehen kann.

a)   Suchen Sie sich für diese Übung eine Fläche, auf der Sie nach jeder Seite genug Platz haben. Parkplätze erfüllen dieses Kriterium oft. Nehmen Sie einen Timer mit, der nach 5 Minuten piept.

b)   Starten Sie wie gewohnt mit einem „Los geht's". **Kurz bevor** sich Ihre Arme wieder heben, weil der Hund gleich beginnt zu ziehen, geben Sie ein Stoppsignal wie „Ende", „reicht" oder ähnliches.

c)   Bleibt die Leine daraufhin locker, loben Sie Ihren Hund und gehen einfach weiter. Wenn er es erwartet, bekommt er dafür ein Leckerchen, wenn nicht, ist das Weitergehen dürfen, Belohnung genug.

d)   Reagiert er nicht auf Ihr Signal (und damit rechnen wir am Anfang, denn Ihr Hund kann genauso wenig Deutsch, wie Sie Suaheli können), machen Sie Ihre, wie weiter vorn gelernte, Drehung und ändern Ihre Laufrichtung. Gehen Sie bis zum Ende der Leine und warten Sie wieder ab. (oder laufen Sie weg wie oben beschrieben)

Lockert er die Leine, indem er Ihre Richtung einschlägt, gehen Sie lobend mit ihm in die vorherige Richtung. Spannt die Leine weiter, vergrößern Sie den Abstand zur Ablenkung etwas oder machen eine „Komm bei Zug" – Übung daraus. Müssen Sie das jedoch mehr als dreimal hintereinander machen, brechen Sie diese Übung ab und üben noch mal die vorige Körpersprache – Übung.

Ein Vorteil dieser Übung ist, dass man dem Hund ein Signal trainiert, welches das Ende der Leine ankündigt. Man kann es nutzen, wenn der Hund mal stark abgelenkt ist und er hat so die Chance noch zu stoppen, bevor das Anhalten wieder losgeht.

Kleiner Tipp am Rande:

Diese Übung ist auch gut, um dem Hund einen Radius beizubringen, in dem er sich aufhalten darf, wenn die Leine ab ist. Machen Sie dazu bei 7 Metern einen Knoten in eine 10 Meter Leine und lassen Sie die Leine durch Ihre Hand rutschen. Rutscht der Knoten durch Ihre Hand, kommt Ihr Stopp. Hält der Hund nicht an, bis die Leine am Ende ist, halten Sie das Leinenende fest und warten ab bis Ihr Hund sich wieder zu Ihnen orientiert und Sie ihn heranrufen können. Reagiert er auf Ihr Stopp durch langsameres Gehen oder Umdrehen, loben Sie ihn und gehen einfach weiter.

Sammeln Sie die Leine jedoch immer wieder auf, wenn Ihr Hund näher bei Ihnen ist, damit sie wieder durch Ihre Hände rutschen kann, wenn der Hund sich entfernt.

Handschuhe sind dabei übrigens eine gute Idee!

Versuchen Sie mal mitzuzählen, wie oft Sie innerhalb der fünf Minuten auf dem Absatz kehrt machen mussten, und tragen Sie die Werte in das Diagramm ein. Verbinden Sie die Punkte zu einer Linie und sehen Sie Ihren Erfolg bildlich.

Tragen Sie hier die Zahlen ein und verbinden Sie die Punkte zu einer Linie, an der Sie den Erfolg ablesen können.

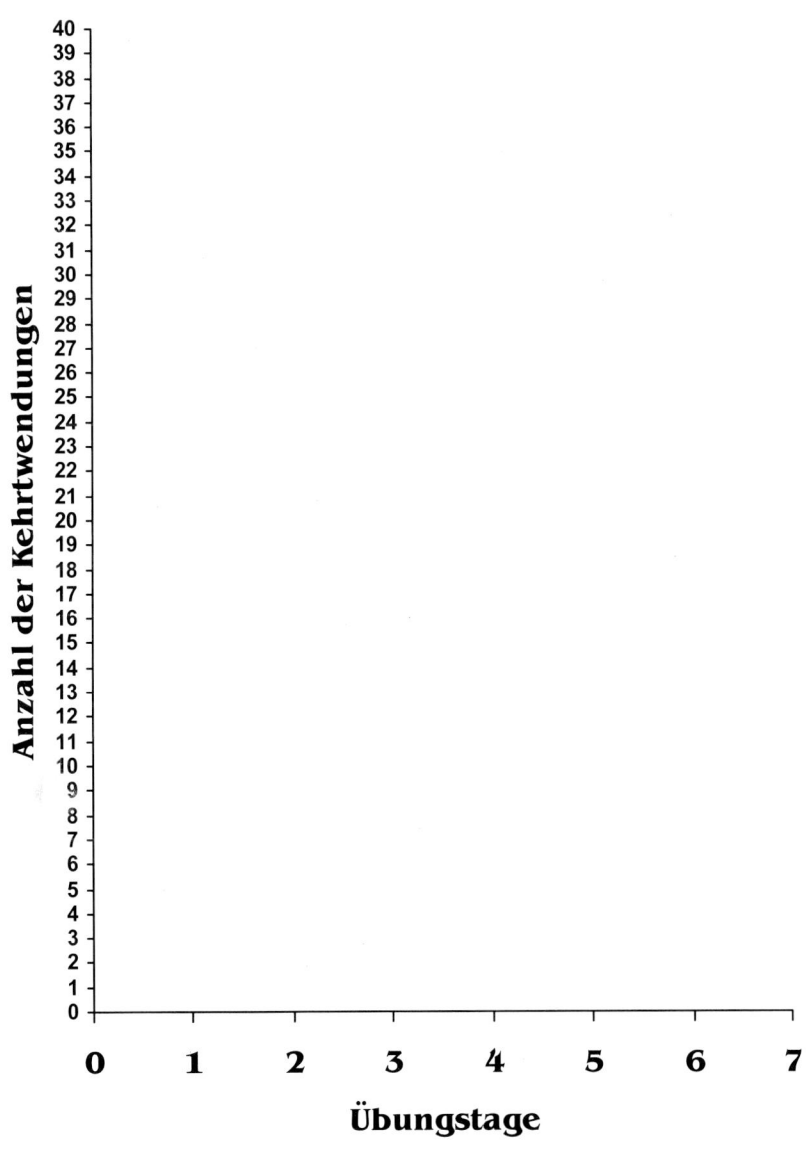

5.)   Orientierung am Menschen

Etwas, was man sowieso mit jedem Hund trainieren sollte, ist, dass es sich lohnt, auf die Futterverteiler zu achten. (Im Grunde gilt das nicht nur für die vierbeinigen Mitbewohner…)

Hat man die Aufmerksamkeit des Hundes, hat man auch den Rest. Ein Hund, der sich immer mal wieder umschaut, was Herrchen oder Frauchen macht, der immer wieder mal vorbeischaut, ob es was abzustauben gibt oder ob Frauchen nicht Lust hat, mit auf die Jagd zu gehen, ist sehr viel leichter zu beeinflussen, als ein Hund, der seine Nase nur am Boden hat und gar nicht auf seine Besitzer achtet.

a)   Achten Sie darauf, dass Sie Ihren Hund nicht ständig darauf aufmerksam machen, wenn Sie während des Spazierengehens die Richtung wechseln. Er sollte lernen, selbst zu schauen, ob seine Familie noch in der Nähe ist. Wechseln Sie einfach ab und an die Richtung und beobachten Ihren Hund, damit er nicht abhanden kommt. Bleiben Sie wenn nötig stehen oder geben Sie zu Anfang noch kleine Signale, die Sie aber immer öfter weglassen.

b)   Verstecken Sie sich ab und zu, wenn Ihr Hund zu weit voraus läuft und spielen Sie mit ihm, wenn er Sie gefunden hat. (Bei Hunden, die panisch reagieren könnten, verstecken Sie sich anfangs so, dass Ihr Hund dabei zusehen kann.) Hunde lieben diese Spiele und werden sehr viel aufmerksamer mit Ihnen spazieren gehen!

c)   Machen Sie Ihre Spaziergänge durch kleine Übungseinheiten, Suchspiele oder gemeinsame Schnüffelpartien interessant. Spaziergang ist eigentlich das falsche Wort. Hunden reicht das Laufen allein nicht aus. Es geht darum zu riechen, ob Nachbars Lumpi schon vorüber ist, ob Lena´s Paul sich wieder in dem alten Fisch gewälzt hat oder ob die freche Maus immer noch nicht umgezogen ist. Es sind Erlebnis- und Abenteuerwege und je weniger Sie diese Erlebnisse bieten, desto mehr sucht der Hunde sie sich allein. Ob Sie das nun gut finden oder nicht.

d)   Belohnen Sie Ihren Hund jedes Mal, wenn er sich von allein nach Ihnen umsieht. Dazu loben Sie ihn freudig, wenn er Sie anschaut, und bieten Ihm ein Leckerchen oder ein wildes Spiel an. Weglaufen vom Hund animiert die meisten Hunde zum Hinterherjagen! Je öfter der Hund nach Ihnen schaut, desto öfter ist er mit seinen Gedanken bei Ihnen und kann sich keinen Unsinn ausdenken. Desto näher ist er bei Ihnen und desto besser können Sie ihn verbal kontrollieren. Sollte er nur noch gierig bei Fuß laufen, reduzieren Sie Ihr Lob eben wieder.

6.) Blickkontakttraining

a)   Blickkontakt auf Signal

Dazu nehmen Sie ein Leckerchen in die Hand und halten es in Augenhöhe etwa 30 cm seitlich vom Kopf weg. Ihr Hund wird versuchen, das Leckerchen zu hypnotisieren. Glücklicherweise hatten Hypnoseversuche bei Fleischwurst (zumindest bei der industriell verarbeiteten) bisher noch keinen Erfolg, so dass Sie einfach abwarten können, was er sonst noch so probiert.

b)   Warten Sie, bis der Blick Ihres Hundes vom Leckerchen weg in Richtung Ihres Körpers geht, und belohnen Sie diesen winzigen Moment mit einem klaren, kurzen und prägnanten Lobwort und der folgenden Leckerchengabe.

Wenn Sie das mehrmals üben und beim Loben immer den richtigen Zeitpunkt treffen, dann wird ihr Hund beginnen, sie vermehrt anzusehen, so dass Sie die Dauer des Ansehens von Mal zu Mal verlängern können.

c)   Nun fügen Sie jedes Mal, **kurz bevor** er sie ansieht, ein Wortsignal ein, wie zum Beispiel: „Schau". Geben Sie das Signal anfangs immer dann, wenn Sie 10 Euro verwetten würden, dass Ihr Hund gleich schaut. (Für die 10 Euro bei verlorener Wette kaufen Sie Ihrem Hund ein tolles Spielzeug!)

d)   Jetzt können Sie das Signal auch mal in Situationen geben, in denen Ihr Hund nicht sehr stark abgelenkt ist. Reagiert er darauf? Prima, das bedeutet eine tolle Belohnung für ihn und für Sie!!

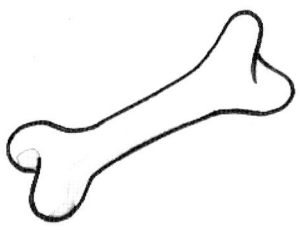

„Jaaaaa, gleich hab ich dich, gleich fress ich dich!"

Sieh mir tiiief in die Augen…und gib mir jetzt endlich das Leckerchen!"

Steigern Sie nun die Ablenkung und geben das Signal in immer schwierigeren Situationen. Auf diese Art können Sie Ihren Hund unterbrechen, wenn er beginnt, andere Hunde, Menschen etc. zu fixieren und zu tief in die Hundewelt abzugleiten.

Bald haben Sie dann einen Hund, der gelernt hat, dass es sich lohnt, Sie anzuschauen, und das nicht nur, weil Sie das hübscheste Frauchen überhaupt sind oder das klügste Herrchen in diesem Wald. Es gibt auch noch Lebenswichtiges, nämlich Futter, dazu!

Ein aufmerksamer Hund erleichtert das Leben ungemein!

Warum klappts bei mir nicht?!!

Vielleicht sagen Sie jetzt, dass Sie das alles schon
ausprobiert haben und trotzdem zerrt Ihr Hund noch wie
verrückt?

Gehen Sie in sich, es gibt keine Alternative zum
vorgestellten Training. Es gibt nur weitere Übungs-
varianten.

Die Basis ist immer, dass sich das **Ziehen für den Hund
nicht lohnen darf.**

Lohnt es sich, wird er auch wieder ziehen. Das gilt vor
allem dann, wenn es sich oft lohnt zu ziehen (auch wenn
man manchmal keinen Erfolg hat).

Wenn wir durch unser Parken im Halteverbot als Erste im Schlussverkauf sind und nur ab und zu mal ein Knöllchen bekommen, ist das egal und spornt uns nur noch mehr an, nähere Parkplätze zu finden. Steht aber **jedes Mal** eine Politesse in der günstigen (verbotenen) Parklücke, werden wir es irgendwann aufgeben.

Die Gesetzmäßigkeiten, nach denen Lebewesen lernen, gelten für alle gleich. Wir Menschen können viele Dinge zwar reflektieren, reagieren aber dennoch häufig so, wie der Körper es gelernt hat und nicht wie unser Geist es will.

Auch die Anwendung von Strafe unterliegt diesen Gesetzmäßigkeiten. Wenn Sie Ihren Hund für das Ziehen strafen wollen, dann müssen Sie ihm klar machen, dass Sie das Ziehen meinen und nicht das Hinschauen zur Nachbarshündin, das Laufen auf dem Grünstreifen oder das Schnüffeln am Baum. Da die Strafe vom Menschen meist aufgrund eigenen Ärgerns erfolgt, stimmt das Timing fast nie. Das sehen Sie daran, dass sich auf Dauer nichts ändert.

Auch die Höhe der Strafe ist wichtig. Einmal kurz rucken, ist wie ein 5 Euro Knöllchen beim Falschparken. Man parkt die nächsten zwei Tage richtig und dann wieder an der verbotenen Stelle. Das Falschparken würden Sie erst dann ein- für allemal lassen, wenn Ihr Auto in dem Moment, indem Sie es auf dem verbotenen Parkplatz abschließen, explodieren würde. Ihr ganzes Leben lang würden Sie nicht mehr falsch parken! Übertragen auf das Ziehproblem bekommen wir da ein Tierschutzproblem…(vom Timing wie gesagt, ganz zu schweigen!)

Den wahrscheinlichsten Erfolg werden Sie mit Strafe in der Form haben, dass Ihr Hund bedrückt neben Ihnen herschleicht. Wenn Ihnen das reicht, dann ist dieses Buch nichts für Sie. (Hätte das vielleicht am Anfang des Buches stehen sollen?)

Hunde sind Lebewesen. Lebewesen haben Eigenarten. Mit manchen muss man leben lernen, manche können manche Menschen ändern. Manche können viele Menschen ändern. Ändern kann man jedoch nur, wenn man weiß, was man möchte. Und vor allem, wenn die Grundvoraussetzungen stimmen.

Ein Hund, der nur an der Zwei-Meter-Leine Gassi um den Block geführt wird, wird erst dann aufhören zu ziehen, wenn er fett gefüttert ist (und auch das nur mit einer etwas höheren Wahrscheinlichkeit). Die Grundvoraussetzungen, damit ein Hund überhaupt erst lernen kann, sich zurückzuhalten und so zu schleichen, wie wir das tun, sind:

Körperliche Auslastung:

Hunde brauchen Freilauf. Auch Kinder können Verhaltensstörungen entwickeln, wenn Sie nicht spielen dürfen. Lebewesen brauchen Kontakte zu Artgenossen, um den Umgang miteinander zu erlernen und um sich auszutoben. Fahrrad fahren, Schlitten ziehen, Spielgruppen in Hundeschulen oder Hundewandertage sind da einige Möglichkeiten. Die heutigen Hundeverordnungen und Gesetze begünstigen die Entstehung von Verhaltensproblemen bei Hunden. Als Halter stehen Sie dennoch mehr denn je in der Verantwortung (legale) Mittel und Wege zu finden, Ihren Hund körperlich auszulasten.

Geistige Auslastung

Entgegen der allgemeinen Auffassung, reicht es lange nicht aus, wenn der Hund Gassi geführt wird ohne irgendeine Abwechslung. Hunde sind intelligente Tiere. Sie wollen und müssen lernen. Sie brauchen geistige Nahrung in Form von (freundlichem!) Grunderziehungstraining, Suchspielen, regelmäßiger Abwechslung beim Spaziergehgebiet etc. etc. etc. Sie müssen keine 24h Animation für Ihren Hund bieten, aber kleine Beschäftigungseinlagen bewahren unsere Hunde davor, wie der Rilk`sche Panther hinter den Gitterstäben vor sich hin zu dämmern oder Verhaltens- und Gesundheitsstörungen zu entwickeln. Da reicht manchmal schon der mit Zeitungspapier und kleinen Leckerchen gefüllte Pappkarton, der zerfetzt werden darf oder die leere und durchlöcherte PET Flasche, aus der Leckerchen gekugelt werden können.

Zum Glück gibt es heute mittlerweile viel und gute Literatur, was die Beschäftigung mit dem Hund betrifft. Belesen Sie sich oder lassen Sie sich beraten!

Wie Sie schon beim Lesen des Buches bemerkt haben, ist das Timing sehr wichtig. Kann man dem Hund nicht klarmachen, welches Verhalten genau man meint, wird er nie lernen, um was es Ihnen geht. Ein besonders sinnvolles Erziehungshilfsmittel ist der Klicker. Durch die richtige Anwendung des Klickers (glauben Sie nicht, was momentan[2005] noch auf der Karli-Klicker-Beilage steht!) können Sie die optimalen Lernbedingungen schaffen. Und wer will nicht, dass sein Hund das Erwünschte so schnell und sicher wie möglich lernt?

Die Anwendung des Klickers im Zusammenhang mit dem Formen eines Verhaltens ist außerdem eine wunderschöne Möglichkeit, den Hund geistig auszulasten und ihm außerdem Dinge zu lehren, die wenige für möglich halten. Skateboard fahren, Bier aus dem Kühlschrank holen und das Telefon bringen, wenn es klingelt, sind nur einige Möglichkeiten.

Mittlerweile gibt es jede Menge Falschaussagen zum Klickertraining. Weder das viele Futter, noch den Klicker braucht man sein Leben lang. Lassen Sie sich das Hilfsmittel von einem Klickertrainer zeigen.

Der Klicker

Der Klicker ist ein Knackfrosch, dessen Geräusch dem Hund sagt, dass er etwas gut gemacht hat und dafür nun eine Belohnung bekommt.

Es funktioniert ähnlich, wie Ihr Lobwort „Fein", hat jedoch entscheidende Vorteile:

Der Klick hat nur eine einzige Bedeutung, nämlich „es gibt Futter" (immer!).

Dies löst immer ein positives Vorfreudegefühl aus, was ein eher geknurrtes „Fein" nicht schafft.

Der Klick wird überall heraus gehört, da der Hund dieses Geräusch unter keinen anderen Umständen hört.

Mit dem Klick schafft man das nötige Timing, das mit der Stimme meist nicht zu schaffen ist. (Bsp. Blickkontakt)

Lehren Sie ihrem Hund, was der Klick bedeutet, indem Sie einmal klicken und dem Hund sofort ein Leckerchen geben, egal, was er tut. Wiederholen Sie das mehrere Male. Dann warten Sie einmal, bis der Hund wegschaut und klicken dann. Dreht er sich in Erwartung des Futters um, hat er die Bedeutung verstanden. Nun können Sie den Klicker verwenden.

Achten Sie darauf, dass der Klick erst dann erfolgt, **wenn der Hund etwas Tolles gemacht hat,** und klicken Sie **nicht,** um ihn damit zu **locken**! Hunde lernen so, dass sie die Konsequenzen ihres Verhaltens selbst beeinflussen können. Auf diese Art und Weise werden und wurden Delphine, Wale und andere Tiere trainiert, die man nicht mit Zwang beeinflussen kann.

(Mehr zum Klickern finden Sie im Anhang.)

Niemand ist unfehlbar

• Belohnen Sie Ihren Hund anfangs immer, wenn er einige Schritte ohne zu ziehen mitgegangen ist. Läuft er schon sehr ordentlich, warten Sie immer etwas länger, bevor er wieder ein Leckerchen bekommt. Zieht er jedoch wieder, dann haben Sie zulange gewartet, und Sie sollten wieder öfter belohnen.

• Belohnen Sie Ihren Hund nicht mit Leckerchen, wenn er **nach Ihrem Stehen bleiben** zu Ihnen zurückkommt. Da Hunde ja meist nicht dumm sind, lernen sie ganz schnell, dass bewusstes Ziehen an der Leine dazu führt, dass Sie stehen bleiben, so dass er zu Ihnen flitzen kann, um sich sein Leckerchen zu holen, nur um dann schnell wieder in die Leine zu rennen. Das Basteln so genannter Verhaltensketten ist eines der Lieblingshobbies vieler Hunde.
Für Ihren Hund ist die Belohnung für das Lockern der Leine das Weitergehen, um dahin zu kommen, wo er hin will.

- Es kann sein, dass Ihr Hund die ersten Tage oder Wochen verstärkt an der Leine ziehen wird. Das ist normal und vergleichbar mit einem menschlichen Tritt gegen den Colaautomaten, wenn dieses Mal keine Cola rauskommt, obwohl es doch sonst immer funktioniert hat. Dies ist der so genannte „Löschungstrotz". Man probiert nach einem Misserfolg verstärkt, was sonst immer klappt. Wenn es sogar noch variabel bestärkt worden ist (also aus Inkonsequenz des Besitzers das Ziehen manchmal für den Hund erfolgreich war), dann wird dieser Löschungstrotz auch länger andauern, und man braucht starke Nerven und Vertrauen in sein Training.

Vergleichbar ist die Situation mit einem Kind das nörgelt, um ein Eis zu bekommen. Oft genug musste es nur lang genug quengeln, um endlich Eis essen zu dürfen. Statt dass dieses Nörgeln nun weniger wird, wird es bei jedem Mal länger und nerviger werden. Selbst schuld!

- Sämtliche beschriebenen Übungen sind nicht sinnvoll, wenn Ihr Hund in Panik an der Leine zieht. Unter extremem Stress und Angst kann der Körper nicht lernen. In solchen Situationen sollten Sie nicht darauf bestehen, dass Ihr Hund nicht an der Leine zieht. Er hat jetzt schlimmere Probleme. Gehen Sie mit ihm an einen ruhigen Ort, wo er wieder zu sich finden kann.

• Das Halsband, welches Sie benutzen, sollte möglichst breit, flach und aus Stoff oder Leder sein. Machen Sie es so eng, dass gerade zwei Finger darunter passen. Je lockerer es ist, desto mehr Druck wird bei Leinenzug auf den Kehlkopf ausgeübt. Probieren Sie es mal aus. Legen Sie sich die Leine um den Arm und ziehen Sie an den frei herunterhängenden Enden. Das ist in etwa gleichbedeutend mit dem Zug am Halsband, wenn dieses sehr locker ist. Zum Vergleich schlingen Sie die Leine zweimal um den Arm, wie ein Halsband, das fest sitzt, und ziehen Sie nun daran. Der Druck verteilt sich, und der Kehlkopf wird weniger in Mitleidenschaft gezogen bzw. gedrückt. Testen Sie dasselbe nun mit einem Kettenhalsband. Wenn Sie keinen Unterscheid spüren, wiederholen Sie den Versuch an Ihrem Hals!

• Eine Flexi ist dann sinnvoll, wenn sie längere Spaziergänge an der Leine planen. Der Hund hat an einer Flexi viel mehr Bewegungsspielraum als an einer Zwei-

Meter-Leine und braucht dementsprechend auch nicht soviel zu ziehen. Manchmal reicht es sogar schon, wenn man überhaupt eine längere Leine nimmt, um das Zieh-Problem zu lösen.

• Bringen Sie Ihrem Hund hier gleich auch noch ein Stoppsignal bei, so dass er vorher vermeiden kann, in die Leine zu laufen. Am besten markieren Sie die Rollschnur der Flexi mit einem Edding o.ä. einen Meter bevor sie vollständig ausgerollt ist. Sobald der Hund losläuft und Sie die Markierung aus der Flexibox kommen sehen, geben Sie ein Stoppsignal wie „Stopp", „Achtung", „Reicht" etc. und bleiben **danach** stehen. Ihr Hund wird anfangs weitergehen, da dieses Signal für Ihn keine Bedeutung hat. Er wird also in die Leine laufen und nicht weiterkommen, weil Sie ja wieder zum Baum geworden sind. Mit der Zeit wird er jedoch lernen, dass ihr verbales Signal das Ende der Leine und damit kein Weiterkommen ankündigt.

Das Schöne an der Sache ist, dass Ihr Hund nun selbst entscheiden kann, ob er kurz anhält bzw. langsamer wird, damit es gleich weitergehen kann, oder ob er noch

Lust hat auf eine Runde „Mal sehen, wer die stärkeren Nerven und die meiste Zeit hat". In der Regel reicht das Stoppsignal später aus, um den Hund etwas langsamer werden zu lassen, so dass er nicht stehen bleiben muss, sie aber auch nicht hinterher fliegen müssen.

• Denken Sie an die körperliche und geistige Auslastung des Hundes! Nach einem anstrengenden Spaziergang durch die Stadt, sollte Ihr Hund auch mal wieder quer über das Feld flitzen können.

So sieht nun Ihr Trainingsspaziergang für die nächsten Wochen aus. Hat Ihr Hund noch nicht soviel Erfahrung im Leineziehen gesammelt, wird es bei häufigem Training, genügender Konsequenz und hoher Frustrationsschwelle Ihrerseits keine 3 Wochen dauern, bis ihr Hund verstanden hat, wie man vorwärts kommt.

Bei notorischen Leineziehern mit gesammeltem Erfahrungsschatz muss man noch konsequenter 4-6 Wochen trainieren bis sich das „Es-klappt-nicht-mehr-Syndrom" einstellt und der Hund die „Lockere-Leine-Strategie" benutzt.

Ein realistisches Ziel ist ein Hund, der im normalen Alltag bei durchhängender Leine gesittet neben Ihnen läuft. Mit Sicherheit gibt es immer wieder im ganzen Hundeleben Situationen, wo der Hund mal ziehen wird. Vor allem wenn es eine neue unerhörte Duftspur gibt oder Nachbars Timmi gerade sein Eis hat fallen lassen.

Das ist auch in Ordnung so, schließlich haben Sie einen Hund und keinen NintenDog. Sie wissen nun aber, wie Sie damit umgehen müssen, und Ihr Hund wird sich nach der ersten Aufregung schnell daran erinnern, was er tun muss, um die neue Nachbarshündin beschnüffeln zu dürfen oder die Straße zu säubern. Die Kommunikation zwischen Ihnen und Ihrem Hund funktioniert, jeder weiß, was der andere erwartet, und einem Hundespaziergang mit den neuesten Designerpumps steht nichts mehr im Wege.

Ich wünsche Ihnen viel Erfolg, genügend Geduld und
einen gelehrigen Hund!

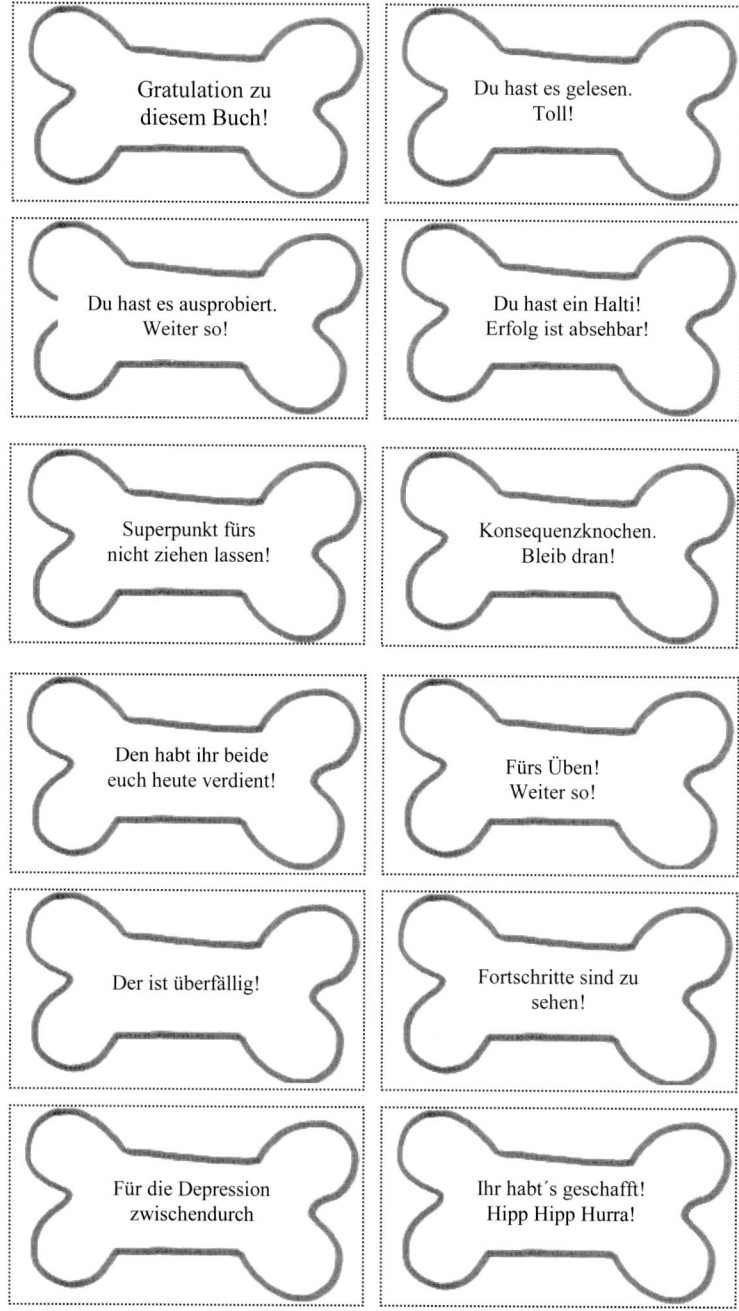

Gratulation zu
diesem Buch!

Du hast es gelesen.
Toll!

Du hast es ausprobiert.
Weiter so!

Du hast ein Halti!
Erfolg ist absehbar!

Superpunkt fürs
nicht ziehen lassen!

Konsequenzknochen.
Bleib dran!

Den habt ihr beide
euch heute verdient!

Fürs Üben!
Weiter so!

Der ist überfällig!

Fortschritte sind zu
sehen!

Für die Depression
zwischendurch

Ihr habt´s geschafft!
Hipp Hipp Hurra!

Bücher zum Lernverhalten:

- „So lernt mein Hund", Sabine Winkler, Kosmos, Stuttgart, 2001
- „Positiv erziehen, sanft bestärken, Karen Pryor, Kosmos, Stuttgart, 1999
- „Hunde sind anders", Jean Donaldson, Kosmos, Stuttgart, 2000
- „Antijagdtraining Wie man Hunde vom Jagen abhält", Gröning, Ullrich, MenschHund!, Zossen, 2005

Bücher zum Clickertraining:

- „Clickertraining für Hunde", Martin Pietralla, Kosmos, Stuttgart, 2000
- „Clickertraining für Welpen", M. Pietralla, Dr. med.vet. B. Schöning, Kosmos, Stuttgart, 2002
- „Clickertraining", Birgit Laser, Cadmos, Lüneburg, 2000
- „Clickertraining für den Familienhund", Birgit Laser, Cadmos, Lüneburg, 2001

weitere wichtige Bücher:

- „Das große Spielebuch für Hunde", Christina Sondermann, Cadmos, Lüneburg, 2005
- „Das Hundebuch für Kids", Sarah Whitehead, Kosmos, Stuttgart, 2002

Internettipps:

- www.yorkie-rg.de
- www.spass-mit-hund.de
- www.clicker.de

Weitere Informationen zum MenschHund! Verlag und der anhängigen Hundeschule finden Sie unter www.mensch-hund-lernen.de

Viel Erfolg!